中国航天基金会 权威力荐
中国航天科工二院二〇八所 组织审定

空天宝贝登月吧

马倩/主编
谢露茜　唐纹　郑焱/编著
王柯爽　郭真如/绘

① 金色桂树在哪

电子工业出版社.
Publishing House of Electronics Industry
北京·BEIJING

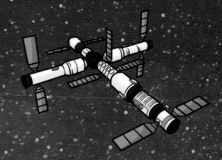

图书在版编目（CIP）数据

空天宝贝登月吧. 金色桂树在哪 / 马倩主编；谢露茜，唐纹，郑焱编著；
王柯爽，郭真如绘. —— 北京：电子工业出版社，2022.5
ISBN 978-7-121-43237-8

Ⅰ. ①空… Ⅱ. ①马… ②谢… ③唐… ④郑… ⑤王… ⑥郭… Ⅲ. ①月
球探索－少儿读物 Ⅳ. ①V1-49

中国版本图书馆CIP数据核字（2022）第060779号

责任编辑：季　萌
印　　刷：河北迅捷佳彩印刷有限公司
装　　订：河北迅捷佳彩印刷有限公司
出版发行：电子工业出版社
　　　　　北京市海淀区万寿路173信箱　邮编：100036
开　　本：889×1194　1/16　印张：10.75　字数：30.3千字
版　　次：2022年5月第1版
印　　次：2022年5月第1次印刷
定　　价：148.00元（全3册）

凡所购买电子工业出版社图书有缺损问题，请向购买书店调换。若
书店售缺，请与本社发行部联系，联系及邮购电话：（010）88254888，
88258888。
质量投诉请发邮件至zlts@phei.com.cn，盗版侵权举报请发邮件至dbqq@
phei.com.cn。
本书咨询联系方式：（010）88254161转1860，jimeng@phei.com.cn。

亲爱的小朋友们：

习近平总书记 2022 年 5 月 2 日在给航天青年的回信中写到："建设航天强国要靠一代代人接续奋斗。希望广大航天青年弘扬'两弹一星'精神、载人航天精神，勇于创新突破，在逐梦太空的征途上发出青春的夺目光彩，为我国航天科技实现高水平自立自强再立新功。"

少年儿童是祖国的花朵，是民族的希望。"空天宝贝"系列丛书是专门为小朋友们设计的，以航天国防知识为科普内容的原创绘本，由中国航天科工集团旗下的空天文创品牌创作。《空天宝贝登月吧》（全 3 册）作为"空天宝贝"系列丛书的第一部，讲述了空天宝贝"天宝"和他的朋友们克服艰难险阻，努力学习制造火箭的故事，希望小朋友们像空天宝贝一样，勤学好问，团结友爱。在这套绘本的创作过程中，特别感谢张弢叔叔的悉心指导，感谢郭丽娟阿姨分享的宝贵经验。

希望大家喜欢天宝、喜欢小朵。后续，"空天宝贝"系列绘本还会有很多精彩的故事，更会有"空天宝贝"系列动画片，请大家持续关注哦！

我们一起点燃
空天宝贝

天宝

的小宇宙吧!

传说中，在一个神秘的地方有一
棵金色的千年桂树，只要向它许愿，
愿望就能成真……

熊猫天宝带着猫咪蜜枣和他的好朋友小朵在森林里寻找千年桂树。

天宝问："小朵，你想许什么愿啊？"

小朵说："如果找到了金色桂树，我想要一条漂亮的花裙子，还想要一个大书包。过几天要去奶奶家，我希望好吃的都变软，然后都带给奶奶吃……"

而天宝的愿望只有一个——希望小朵的愿望都能实现！

不知不觉已经到了晚上，可金色桂树还是没找到，小朵失落极了。

天宝把小朵送到家，对她坚定地说："我们一定会找到金色桂树的！"

走在回家的路上，天宝心想："月亮是金色的，金色桂树一定是在金色的月亮上种出来的！如果能爬上最高的树，登上月亮，就一定能找到金色的桂树！"

天宝爬到高高的树上，还是够不到月亮……

天宝满身树叶、
灰头土脸地回到家，
生怕被妈妈发现。

"当啷！！！"

妈妈帮天宝换上干净的衣服，对他说："月亮很大很大，很高很高，很远很远，只有坐着火箭才可以到达，爬上树怎么能到月亮上去呢？"

天宝："可是，我没有火箭啊！"

天宝躺在床上想了很久很久，决定造一枚火箭！去月亮！那里一定遍地都是金色桂树！可是火箭要怎么造呢？

天宝突然想到，爸爸说过："有个地方叫科学X工厂，什么都能造出来！"

天宝画了一张从地球到月亮的路线图，兴奋地跳起来："我要去科学X工厂！"

终点站
科学工厂

第二天一大早，天宝带着蜜枣来到了空天号列车站。

列车广播响了起来："空天号列车即将进站，请您排好队等待上车。"

天宝走到窗边，看到了科学X工厂的鲸鱼舰艇，天空中飞翔着海鸥预警机，海豹队长正在指挥发射呢！

船舶 兵器
空 航天 核

天宝看到好多小伙伴在排队，他赶紧跑了过去。

终于轮到了天宝，机器人导览员对他说："您好，欢迎来到科学X工厂，请问有什么能帮您？"

天宝回答："我要做火箭去月球。"

机器人导览员说："月球位于地球大气层外，请您点击'航天'按钮，去找总体设计师欧阳龙教授吧。"

天宝和蜜枣来到了欧
阳龙教授的实验室。

天宝恭恭敬敬地说："欧阳龙教授，
我想要造一枚火箭登上月球！"

欧阳龙教授："火箭可复杂着呢！想制造火箭就必须有不怕吃苦
的航天精神，你可以吗？"

天宝毫不犹豫地回答："我可以！"

欧阳龙教授点点头说："真棒！想要制造火箭，首先要分析任务，然后进行火箭的总体设计以及各分系统设计，包括弹道设计、动力系统设计、结构设计、控制系统设计以及电气系统设计等。

火箭就像人体一样，控制系统是大脑，动力系统相当于双腿，电气系统相当于神经网络，结构系统就是身体啊！"

天宝在脑海中想象着自己飞上太空的场景，暗暗下定决心："为了小朵的金色桂树，我一定要把火箭造出来！"

科普

 《空天宝贝登月吧》

知识点

▶ ▶ ▶ ▶

地月关系：月球是距离地球最近的天体，是地球唯一的天然卫星，它与地球构成了一个天体系统——地月系，地球和月球绕着它们的共同引力中心旋转。月球本身并不发光，而是反射太阳的光。距离太阳越近，月亮的颜色越黄；距离太阳越远，颜色就越白。

（来源于文章《话说地月关系》）

这天晚上，天宝看到的是金黄色的月亮呢！

地月距离：地球到月球的平均距离约为384403.9千米，将近是地球赤道周长的10倍！我们的"嫦娥一号"卫星整个"奔月"过程用了8~9天，所以天宝是不能爬上月亮的，只能依靠火箭来实现登月梦想。

（来源于中国新闻网）

万户飞天：明朝的万户，原名陶广义，是世界公认的航天梦想第一人。他把 47 支自制火箭绑在椅子上，自己坐在上面，手举着大风筝，然后让仆人点燃火箭。万户本想利用火箭和风筝飞上天空，然而不幸遭遇火箭爆炸，他也为此献出了生命。万户虽已长眠，但他成为了真正的"航天始祖"。

（来源于百度百科）

舰队：舰队是以航空母舰为中心，由多艘舰艇和各种战斗机群组成的作战工具。并以导弹为武器从事舰对地、舰对海、舰对空、空对地、空对海、空对空作战的海上固定或游动作战的陆、海、空立体作战部队。舰艇主要有战斗舰艇和辅助战斗舰艇两大类。直接执行战斗任务的叫战斗舰艇，执行辅助战斗任务的是辅助战斗舰艇。

（来源于杂志《少年电脑世界》）

我们科学 X 工厂的鲸鱼舰艇就是非常厉害的战斗舰艇呢！

预警机：预警机即空中指挥预警飞机，是指拥有整套远程警戒雷达系统，用于搜索、监视空中或海上目标，指挥并可引导己方飞机执行作战任务的飞机。在新闻报道中，人们经常可以看到预警机背着"圆盘"和"箱子"，有的还长着"大鼻子"，其实那些都是雷达的部件！预警机身处"前线"，汇集不断更新的资料实时显示战场状态，并把资料传给指挥中心，因此预警机又被称为"空中力量的放大器"。目前世界上仅有少数国家具备自行研制大型预警机的能力，我国著名的预警机是"空警"系列。

（来源于书籍《十万个为什么（第六版）——武器与国防》）

为鲸鱼舰艇侦查目标正是海鸥预警机的职责！

航空与航天的区别：航空与航天仅一字之差，其意义大有不同。航空是指载人或不载人的飞行器在地球大气层中的航行活动；航天是指载人或不载人的航天器在地球大气层之外的航行活动，又称空间飞行或宇宙航行。航空高度上限一般为 25 千米，而航天高度下限约为 100 千米。

（来源于中国航天科技集团有限公司官网）

天宝要去月球，结合地月距离来看，"航天"确实是正确的选择！

航天总体设计师：航天总体设计师的主要职责是：负责型号的技术工作，系统总体方案论证，确定各系统的研制任务书，审查总体和分系统的方案设计，协调解决型号总体技术问题，组织型号大型试验技术方案论证，组织制定试验大纲并负责处理试验中的有关技术问题等。

（来源于书籍《系统工程与航天系统工程管理》）

欧阳龙教授是科学 X 工厂最厉害的航天总体设计师之一。

火箭概述：火箭是中国古代的重大发明之一。北宋军官岳义方、冯继升造出了世界上第一个以火药为动力的飞行兵器——火箭。火箭是目前唯一能使物体达到宇宙速度，克服或摆脱地球引力，进入宇宙空间的运载工具，按用途分为探空火箭和运载火箭，运载火箭又分为卫星运载火箭和载人运载火箭。

（来源于书籍《通天神箭：解读载人运载火箭》）

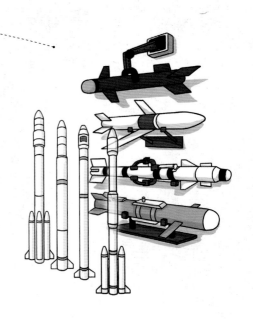

天宝要学习的正是载人运载火箭！